S

@

DE LA

DISTRIBUTION

DES

EAUX EN TOURAINE,

AU POINT DE VUE GÉOLOGIQUE ;

MÉMOIRE

Lu à la XVe session du Congrès scientifique de France, tenue à Tours
au mois de septembre 1847,

Par M. l'abbé Casimir **CHEVALIER**,

Sous-Directeur du pensionnat Saint-Louis-de-Gonzague, à Tours ; Secrétaire-Adjoint de la section des
sciences naturelles du Congrès scientifique de France ; Membre correspondant de la Société Ar-
chéologique de Touraine, et de la Société d'Agriculture, Sciences et Lettres d'Indre-et-Loire.

TOURS
IMPRIMERIE LECESNE ET ALF. LAURENT.
1848.

DE LA

DISTRIBUTION

DES

EAUX EN TOURAINE,

AU POINT DE VUE GÉOLOGIQUE.

—◄◄⊙►—

Il est dans le monde peu de contrées qui aient été aussi favorisées que la Touraine sous le rapport de la distribution des eaux. Un rapide coup d'œil, jeté sur la carte de notre département, suffirait pour convaincre de cette vérité, d'une manière générale ; mais il ne donnerait qu'une idée incomplète de l'économie hydraulique de notre province, et ne révèlerait rien de cette multitude de petits ruisseaux qui portent jusque dans les gorges les plus profondes et les plus reculées, la santé, l'aisance et la fertilité. Il n'est pas un seul département en France qui puisse se vanter de posséder autant de belles et grandes rivières, les rivières, ces grands moteurs de l'ancienne industrie, ces voies faciles ouvertes au commerce, *ces chemins qui courent*, comme disait ingénieusement Pascal, et qui s'effa--cent aujourd'hui devant ces nouveaux *chemins qui volent* comme la tempête. Il m'a donc semblé intéressant d'étudier, dans une province si heureusement dotée par la Providence, la direction, la force et l'inclinaison de nos grands cours d'eau, les pentes des plateaux, les coupures du sol, l'origine de nos vallées, le plissement souterrain des grandes masses rocheuses, la multitude presque fabuleuse de nos sources, et surtout ces grands courants artésiens qui sillonnent le sein de nos roches à des profondeurs variables. Tel est le programme des quelques recherches que je présente aujourd'hui à votre bienveillance.

Parmi nos cours d'eau, la Loire tient sans contredit le premier rang, par l'importance de sa position commerciale, l'abondance de ses eaux, la largeur de sa vallée et la beauté de ses coteaux. Elle coule du N.-E. au S.-O. sur une longueur de 89 kilomètres, avec une pente d'environ 30 m. et une vitesse proportionnelle à cette pente. Toutefois, cette inclinaison diminue graduellement en allant vers la mer et après avoir été en Touraine de 33 cent-millièmes par mètre, ou de 65 centimètres pour 1,950 m., suivant les calculs des ingénieurs, elle n'est plus que de 20 cent-millièmes au Pont-de-Cé. Ainsi, l'étiage de la Loire au pont de Tours est élevé de 17 mètres au-dessus du niveau de la même rivière, à Candes et à Montsoreau, mais il n'est élevé que de 53 m. au-dessus du niveau de la mer. Tel est du moins le résultat d'une suite d'observations barométriques, comparées à celles de l'observatoire de Paris et qui s'accordent avec les données des nivellements partiels faits sur le cours de la Loire par les ingénieurs des ponts-et-chaussées. La profondeur de ses eaux varie de 50 centimètres à 1 mètre dans les basses eaux et le fleuve n'offre qu'une largeur moyenne de 300 à 400 m., quoique la vallée occupe un espace de 4 à 6 kilomètres. Son lit s'encombre journellement de sables rougeâtres, provenant des granits désagrégés de la Haute-Loire, qui permettent de reconnaître encore facilement les grains de quartz, les lamelles de feldspath et les paillettes de mica, principes constitutifs de cette roche. On y trouve aussi des fragments de laves qui proviennent probablement de l'Allier. Ces sables mobiles apportent des variations continuelles dans le lit et le thalweg de la Loire, et forment des dépôts et des attérissements qui prennent assez de consistance pour se convertir en îlots. Ils renferment souvent, ainsi que ceux de la Vienne et de la Creuse, des blocs de granit et d'amphibolite roulés depuis les montagnes du massif cristallisé de la France centrale où ces eaux prennent leur source et dont ils accusent la puissance à certaines époques (1).

Le Cher qui, comme presque toutes les autres rivières de ce département, a creusé son lit dont la craie tuffau, coule parallèlement à la Loire, dans la même vallée, sur une longueur d'à peu près 30 kilomètres. Sa pente est un peu moins considérable, surtout vers la fin de son cours, car elle n'est que de 41 centimètres pour 1950 m., ce qui donne 10 m. 50 cent. d'inclinaison pour 49,700 mètres du cours total.

Son lit se trouve, à l'embouchure du canal de jonction, vis-à-vis de Saint-Avertin, 61 centimètres plus bas que celui de la Loire, au pont sur la levée méridionale d'Amboise, et de 63 centimètres au pont de Grammont, suivant les travaux des ingénieurs, en juin 1847. Le Cher n'a point, comme la Loire, l'avantage d'être emprisonné sur les deux rives de son cours total, par ces magnifiques digues qui font l'admiration des étrangers. Néanmoins il est contenu, le long de sa rive septentrionale, depuis la pointe de Roche-Pinard jusqu'à son embouchure, par une levée longue de 27180 mètres que l'on doit aux soins prévoyants de madame de Vermandois, abbesse de Beaumont-lès-Tours, en 1770, levée qui sert à garantir des débordements de cette rivière une partie des plus précieuses propriétés rurales de ce département.

La Vienne, qui est la troisième de nos rivières navigables, est le cours d'eau le plus important après la Loire, et présente de grands rapports avec ce fleuve, par le transport des sables granitiques, les variations de son thalweg, et la mobilité de ses grèves. Elle coule du sud au nord, depuis le Limousin jusqu'à Ports-de-Piles, où elle reçoit la Creuse et change brusquement de direction, précisément à l'endroit où dut être le rivage de l'Océan qui déposa les Faluns. Elle traverse notre département, de Ports à Candes, sur une longueur de 48710 mètres avec une pente de 64 centimètres pour 1950 mètres, ce qui lui donne 16 mètres d'inclinaison totale. Ainsi la Vienne à Ports est à peu près au même niveau que la Loire à Tours. La vallée de la Vienne est surtout remarquable par les immenses dépôts de sables qu'elle renferme, surtout à Parçay, sur une largeur de

---

(1) Dans la majeure partie de son cours, la Loire se trouve contenue par des levées qui forment un encaissement de 584 mètres 31 centimètres de largeur moyenne. Ces digues furent commencées en 819, sous Louis le Débonnaire; élargies vers 1160, par Henri II, roi d'Angleterre, comte d'Anjou et de Touraine; et enfin perfectionnées dans leur état actuel pendant le règne de Louis XIV.

4 kilomètres, et sur une profondeur de 10 à 12 mètres. Au milieu de ces dépôts de transport, on trouve des lits très-réguliers de galets et de cailloux roulés qui indiquent les différentes phases de cette formation. Quelques petits dépôts de tourbe, situés près du château de la Brèche à Parçay, doivent aussi être rapportés à la même époque géologique. Nous sommes heureux de signaler ici l'existence de ces petites tourbières, car jusqu'à présent on en ignorait la présence en Touraine (1).

L'Indre est la seule de nos rivières qui arrose les trois arrondissements elle les parcourt sur une largeur de 88 kilomètres avec une inclinaison totale de 58 mètres 50 centimètres. Cette pente si considérable lui permet de faire mouvoir plus d'usines que les autres rivières : on en compte jusqu'à 52 dans l'étendue de son cours ; aussi l'Indre est-elle toujours à plein canal par le seul effet des retenues des moulins : cette circonstance fait qu'elle se déborde à la moindre crue et qu'elle couvre subitement l'étendue du vallon dans lequel elle serpente, en déposant sur ses riches prairies un limon fertilisant.

La Creuse, ainsi nommée à cause de la hauteur et de l'escarpement de ses rives, borne la Touraine au sud, depuis Saint-Martin-de-Tournon, où elle coule sur les grès verts, jusqu'à Ports, où elle se jette dans la Vienne, après un parcours de plus de 58 kilomètres. Sa pente totale au-dessus de son embouchure dans la Vienne à Ports, et par conséquent au-dessus du niveau de la Loire à Tours, est, d'après un nivellement fait et vérifié recemment, de 37 mètres 64 centimètres.

La Claise, affluent de la Creuse, est la plus faible des six principales rivières de la Touraine. Toutefois sa pente est si considérable, qu'elle lui permet, sur une fort petite étendue, d'imprimer le mouvement à 17 usines, et de rouler dans ses eaux de très-gros blocs de pierres. En effet, sur un parcours de 33 kilomètres, l'inclinaison totale de cette rivière torrentielle est de 31 mètres 50 centimètres ; c'est la plus forte pente que nous puissions signaler en Touraine.

Outre ces six cours d'eau vraiment importants, il existe encore dans ce

(1) La Vienne nous présente un phénomène remarquable et assez rare : elle perd une partie de ses eaux à Aixe, un peu au-dessus de Limoges, où elles entrent dans un gouffre qui est au milieu de son lit, comme celles du Rhin au-dessus de Bingen, comme celles de la Loire à quelques kilomètres en amont d'Orléans, comme celles du Loiret dans les délicieux jardins du château de la Source, à Olivet. Ne serait-ce pas là l'origine du grand courant souterrain de nos puits artésiens ?

département 25 petites rivières, dont la Choisille, qui se jette dans la Loire au Pont-de-la-Motte, peut donner une idée. Nous n'essaierons même pas de compter les milliers de ruisseaux qui débouchent de toutes parts, par les vallées transversales, sur ces différents cours d'eau.

Cette étude présenterait trop peu d'intérêt ; qu'il nous suffise de dire que d'après les opérations cadastrales, sur 611,679 hectares de superficie totale, la Touraine présente 11031 hectares occupés par les eaux dans leur état normal, c'est-à-dire environ la *cinquante-cinquième partie*. Nous avions donc bien raison de dire qu'il est peu de pays où les cours d'eau soient aussi multipliés (1).

Il peut être assez curieux de rechercher ici quelle force représentent tous ces courants, appliqués à l'industrie des usines. Il existe en Touraine, sur nos 6 grands cours d'eau, 87 usines, dont chacune possède au moins deux roues, ce qui porte les roues à un minimum de 174. Sur les 25 rivières inférieures il existe certainement au moins 100 usines, également à deux roues, ce qui porte le nombre des roues et des courants hydrodynamiques à 374. Remarquez que nous négligeons ici une foule de petits ruisseaux qui souvent font mouvoir des usines à une et à deux roues, même sur le simple parcours de 40 mètres. Nous en avons observé en très-grand nombre de ce genre. En supposant maintenant que chaque courant hydrodynamique représente 5 chevaux, et que la force du cheval est équivalente à celle de 6 hommes, nous trouverons que nos courants actuels représentent le travail de plus de 11,000 hommes, et encore nous serons de beaucoup au-dessous de la réalité.

_____

(1) Pour éclaircir complétement ce sujet, il importe de savoir quel est, en mètres cubes, le volume des eaux charriées par nos grandes rivières. Quelques chiffres, empruntés aux ingénieurs des ponts-et-chaussées, quelques calculs, sévèrement basés sur la longueur absolue de nos cours d'eau, sur leur largeur moyenne, et sur la profondeur de leurs plus basses eaux, nous amèneront facilement à ce résultat. C'est ainsi que nous avons trouvé que la Loire roule en Touraine, au niveau de son étiage, en ne lui supposant pas plus de 50 centimètres de profondeur, plus de 17 millions de mètres cubes d'eau, et plus de 230 millions dans ses crues moyennes et ordinaires. Dans la grande crue de 1789, qui s'éleva à 6^m,98, le volume des eaux atteignit au moins le chiffre effrayant de 390 millions de mètres cubes, c'est-à-dire 23 fois plus que pendant les sécheresses de l'été, et cette crue cependant ne fut pas si considérable que celle du mois d'octobre 1846. Le Cher, dans ses basses eaux, ne roule pas plus de 3 millions de mètres cubes ; la Vienne, environ 3,700,000 ; l'Indre, 3,400,000 ; la Creuse, 2,000,000 ; et enfin la Claise environ 300,000. De tous ces calculs, il résulte que nos cinq grandes rivières roulent, en Touraine, dans les plus basses eaux, plus de 30 millions de mètres cubes d'eau ; et encore nous ne comptons pas ici les milliers de petites rivières et de ruisseaux qui sillonnent notre département, parce que nous n'avons pas de chiffres pour les apprécier.

Les unités de pente que nous avons indiquées, pour chacune de nos rivières, sont très-propres à donner une vue d'ensemble sur l'inclinaison générale de la Touraine. Un examen attentif de ces chiffres et de la carte nous révèlera deux systèmes généraux de pentes, savoir : une pente du N.-E. au S.-O. figurée par le cours de la Loire et par celui du Loir, qui lui est parallèle. Entre ces deux rivières s'étend un plateau d'une largeur moyenne de quarante kilomètres, moins élevé que la partie méridionale de la Touraine. La ligne de faîte de ce plateau, qui détermine le point de partage des eaux entre la Loire et le Loir, s'étend du N.-E. au S.-O. depuis Monthodon jusqu'à Savigné, et n'a que soixante-douze mètres d'élévation au-dessus de l'étiage de Tours. A partir de cette crète, les eaux tributaires de la Loire coulent du N.-O. au S.-E., tandis que les eaux tributaires du Loir, aussi bien que les cours d'eau de la Touraine méridionale, descendent du S.-E. au N.-O. La seconde pente, dirigée du S au N., est peu sensible dans notre département, mais on peut surtout l'étudier dans le cours supérieur de la Loire, de l'Allier, du Cher, de la Vienne et du Clain, etc. (1).

On me demandera maintenant quelle peut être l'origine de nos vallées. Tous les caractères qu'elles présentent me portent à les attribuer à des dislocations du sol, produites par les soulèvements. Il serait en effet difficile d'attribuer à la simple érosion des eaux le creusement de vallées qui, souvent, sur une largeur de quatre à six kilomètres, n'ont pas moins de vingt-cinq à cinquante mètres de profondeur, en négligeant même l'épaisseur des dépôts d'alluvion. L'action incessante et beaucoup plus violente de la mer sur les falaises crayeuses de nos côtes ne nous donne guère l'idée de pareilles érosions (2).

---

(1) Mais, outre ces deux systèmes généraux de pentes, dont l'un s'étend du N.-E. au S.-O., depuis Orléans jusqu'à Nantes, et dont l'autre, originaire du Limousin et de l'Ardeche, se dirige du S. au N. vers le thalweg du premier, il en existe un troisième, intermédiaire, suivi par tous les cours d'eau de la Touraine méridionale, dans le sens du S.-E. au N.-O. Ce système, qui au premier coup-d'œil semble le principal et le plus important, n'est cependant qu'accessoire, car il ne dépend d'aucun soulèvement particulier; il n'est que l'effet de la combinaison des deux autres, ou, pour parler avec une précision mathématique, la résultante des deux premières.

(2) En dehors même de cette preuve négative, qui n'a peut-être pas une très-grande valeur géologique en présence de certaines érosions, comme celles, par exemple, dont la plaine de la Crau, près d'Arles, est l'irrécusable produit, nous appuyons notre opinion sur l'aspect déchiré de nos vallées, sur la similitude qu'elles offrent toutes avec des fentes et des crevasses, sur les escarpements rapides qui les bordent, sur la correspondance des angles saillants et des

Nous avions d'abord pensé à attribuer ces pentes et ces dislocations au vaste soulèvement des Pyrénées qui eut lieu après le dépôt de la craie, et qui lui est sensiblement parallèle. Mais des études ultérieures nous out convaincu qu'à une époque géologique beaucoup plus récente, c'est-à-dire à l'époque de la mer tertiaire des falunières, la pente du sol devait être dirigée dans un autre sens, probablement de l'ouest à l'est, et du sud au nord.

En effet, cette mer, qui s'étendait au loin dans le Blaisois et dans l'Orléanais, et qui y déposait les sables si abondants de la Sologne, devait à peu près se terminer en Touraine, car on en trouve fort peu de traces dans le bassin inférieur de la Loire. Tout, au contraire, démontre qu'en Touraine les sédiments marins dont nous parlons se sont déposés sur un rivage ou sur une grève. Dans toutes les localités où ils paraissent, comme à Louans, à Semblançay, à Manthelan, à Savigné, on trouve des coquilles brisées et usées par le frottement, des fragments de calcaire lacustre roulés, ou percés de Pholades lithophages, dont le test y subsiste encore, une vase marine bleuâtre, encore remplie de pétricoles en place ; des ossements de mammifères, et ce qui est concluant, des coquilles terrestres et fluviales, comme des Hélices, des Planorbes, mêlées à des espèces littorales. Il est donc évident que dans plusieurs points le falun a été lavé par des affluents d'eau douce : c'étaient, sans aucun doute, ces rivières, comme la Vienne, la Creuse, le Cher, et la Loire en Sologne, dont le cours supérieur se dirige du S. au N., et dont les vallées furent probablement produites par le soulèvement parallèle de la Corse et de la Sardaigne, après les dépôts de la période Éocène. Nous avons déjà fait remarquer que la Vienne, après avoir reçu le tribut de la Creuse, se détourne brusquement vers l'ouest, précisément à l'endroit où devait se trouver la mer des faluns. Les étangs du Louroux, d'Hommes et de Rillé, qui sont situés précisément dans le voisinage des faluns de Manthelan et de Savigné, les étangs si nombreux qui couvrent la Sologne, ne pourraient-ils pas être regardés comme des restes de ce vaste bassin ? Quoi qu'il en soit, nous trouvons une dernière preuve péremptoire que la Touraine formait la limite ouest de cette mer dans un fait fort curieux : on a signalé à Thenay, près de Pont-Levoy, un coteau de calcaire lacustre criblé de trous de Pholades à la surface ; c'était évidemment une des falaises qui formaient le rivage.

---

angles rentrants, sur la différence fréquente de niveau dans l'altitude des deux côtes, en un mot, sur tous les caractères qui distinguent les vallées de déchirement des vallées d'érosion ou de dénudation. Mais quelle est la cause de ce déchirement ?

Nous sommes donc en droit de conclure qu'à cette époque nos cours d'eau ne possédaient pas leur direction actuelle. S'il en est ainsi, nous ne pouvons attribuer la formation de nos grandes vallées et la dislocation des dépôts de faluns qu'au soulèvement parallèle des *Alpes principales* (du Valais et du Saint-Gothard jusqu'en Autriche), lequel est dirigé, suivant M. Élie de Beaumont, de O., 16o S., à E., 16o N. Ce mouvement, en donnant une situation hypsométrique différente aux dépôts de faluns, a dû nécessairement produire dans les couches intérieures du sol des plissements correspondants aux ondulations de la surface, et dont l'axe est dirigé dans un sens transversal au soulèvement, c'est-à-dire de S.,16o E. à N.,16o O.

C'est en effet ce qui a eu lieu, ainsi que l'on peut s'en convaincre, à l'inspection de la coupe que nous joignons à cet essai. Le grès vert, après s'être montré à Saint-Pierre-de-Tournon, sur les rives de la Creuse à 37 mètres 64 centimètres au-dessus de la Loire, s'enfonce sous la craie pour reparaître à Cyran, près de Ligueil à 65 mètres d'élévation. Là, il disparaît encore, et on ne le trouve plus à Tours qu'à 125 mètres au-dessous du niveau de la Loire. De là il remonte souterrainement jusqu'à Sonzay, où il paraît à 45 mètres d'élévation, pour s'enfoncer une troisième fois sous la craie, par dessous le Loir et ne reparaître que dans le Maine.

Cette inclinaison générale de la Touraine du S.-E. vers le N.-O., doit nous faire supposer que les sources sont extrêmement abondantes, même sur les hauteurs, et qu'elles proviennent, sans aucun doute, des montagnes où nos rivières prennent leur origine. Ainsi vous apprendrez sans étonnement qu'à Louans, à Manthelan, en un mot sur tout ce plateau qui est élevé de 100 mètres au-dessus de la Loire, l'eau des puits n'est qu'à 4 ou 5 mètres de profondeur en été, et qu'en hiver elle affleure presque le sol. Il est même impossible de procéder à l'extraction du falun sans être bientôt arrêté par l'envahissement de l'eau. Ce que j'avance est si vrai, que dans ce pays élevé et complétement privé de ruisseaux, il est extrêmement facile de créer des prairies artificielles de graminées, en baissant le sol de deux ou trois mètres au plus, et en donnant une légère pente au terrain. C'est ainsi qu'à Louans, toutes les prairies sont situées dans les anciens bassins de falun.

Ces courants d'eau si abondants qui circulent sur les plus hauts plateaux de notre département, viennent ensuite de toutes parts s'épancher en ruisseaux féconds sur les flancs de nos coteaux, et verser la fertilité dans la plaine. Les faits de ce genre sont innombrables en Touraine, mais l'exemple le plus remarquable que nous en connaissions peut être observé sur la rive droite de l'Indre, depuis Reignac jusqu'à Veigné. Dans cette étendue de 17 kilomètres, il serait facile de compter au moins quatre cents ou cinq cents sources, dont plusieurs sont très-abondantes, et font immédiatement marcher plusieurs usines. Il serait plus exact de dire que la côte suinte à chaque pas. Cette multiplicité de sources donne lieu de présumer l'existence d'un vaste courant qui régnerait à mi-côte, à 10 ou 15 mètres au-dessus de l'Indre, et qui se terminerait à Veigné. Parmi les plus belles sources, nous signalerons celles de la Thibandière, de la Cave-Salmon, de Vaugrignon, de Fontiville (*Fontium villa*), et de Couzières. Mais la plus remarquable est sans contredit celle de la Doué à Courçay, laquelle fit mouvoir une usine importante, à sa sortie d'une grotte naturelle, creusée dans le calcaire nymphéen. Les eaux de cette fontaine, d'une limpidité extraordinaire, ne déposent qu'une très-légère couche de carbonate de chaux dans le bassin qui les renferme, mais sur les roues qui les divisent et les réduisent, pour ainsi dire, en une poussière aqueuse, elles revêtent des mousses d'incrustations fort délicates et fort curieuses (1).

De tous ces courants secondaires qui s'infiltrent en partie à travers les roches poreuses de la craie, il doit résulter, à des profondeurs variables, mais déterminées par la nature minéralogique des roches, de grands courants artésiens, susceptibles de jaillir à la surface de notre sol.

Les puits de ce genre, forés à Tours et à Chinon, ont prouvé que ces courants circulent entre les couches du grès vert. Cette donnée importante pourrait être utilisée d'une manière précieuse, puisque nous connais-

---

(1) Cette belle fontaine n'est pas la seule qui nous offre des phénomènes de ce genre. Presque toutes nos sources tiennent en dissolution du carbonate de chaux , en proportion assez considérable , et beaucoup d'entre elles le laissent déposer dans leurs bassins , sous forme d'incrustations remarquables. Nous citerons particulièrement les fontaines de la Doué , à Courçay, de la Rabière, à Joué, de Reignac, dans la vallée de l'Indre , et les sources qui se trouvent dans les immenses carrières de la délicieuse villa de Beauregard , sur la route de Tours à Rochecorbon. Nous n'oublierons point les fameuses *caves-gouttières* de Savonnières et celles de Chinon , qui offrent à l'admiration du voyageur des milliers de stalactites fistuleuses , des stalagmites mamelonnées , des colonnes et des bassins du plus bel albâtre ; le petit étang de Génault, à Betz, aux environs de Ligueil , dont les eaux ont la propriété de pétrifier le bois et de le teindre de diverses couleurs ; enfin les *Fontaines-Rouges* d'Esves-le-Moutier, qui, quoique d'une limpidité parfaite, rougissent les pierres blanches, après un mois de séjour. Le temps ne nous a pas permis de faire une analyse chimique qui pût nous indiquer la cause de ces deux derniers phénomènes.

Dans l'église même de Rigny-sur-Indre existe une fontaine à laquelle , nous ne savons pourquoi , l'on a fait la réputation d'être intermittente toute l'année : selon certains auteurs a cette source tarit et reparaît plusieurs fois chaque jour. Mais les études que nous avons faite

sons quelles sont, en Touraine, les ondulations de ce terrain. D'après les indications géologiques de la coupe que nous joignons à ce mémoire, il serait facile d'obtenir des fontaines jaillissantes à une très-petite profondeur, vers les points où le grès vert se relève et se rapproche de la surface.

A Tours, la profondeur de nos 9 ou 10 puits varie de 112 à 140 mètres, et comme le jet peut s'élever à une hauteur assez considérable, on a été

nous-même sur les lieux, et les renseignements que nous avons pris auprès de M. l'abbé Billard, curé de Rigny-Ussé, observateur plein de sagacité, ne justifient point cette belle réputation. La commune de Saint-Benoît, enfouie au milieu de la forêt de Chinon, nous offre un autre phénomène dont l'existence est mieux prouvée, et dont nous avons pu nous convaincre par nos propres yeux. Les eaux du petit ruisseau qui arrose cette oasis s'infiltrent complétement dans les sables, et la partie inférieure de leur lit reste à sec pendant plusieurs mois de l'année : cette circonstance fit donner anciennement à la commune le nom de *Saint-Benoît-de-Lac-Mort.* Mais à quelques kilomètres de là, à Huismes, dans la partie la plus déclive de ce vaste plateau, on voit sourdre une immense quantité de magnifiques fontaines, qui ont probablement quelque connexion avec la disparition des eaux du *Lac-Mort.*

La Touraine n'offre point de sources thermales à l'étude du géologue et du médecin. La nature de son sol, uniquement composé de strates sédimentaires d'une grande puissance et complétement dépourvu de roches plutoniques, devait nous le faire supposer. Quand aux sources minérales froides, notre province ne possède guère que des eaux ferrugineuses. Nous citerons surtout celles de Semblançay, de Vallères, de Château-la-Vallière, de Veigné, de la Roche-Posay. Nous avons découvert récemment une nouvelle source ferrugineuse dans une grotte naturelle de la vallée du Croulay, près de Panzoult. Ces eaux n'ont aucune réputation, et cet oubli nous semble injuste à l'égard de celles de Semblançay, dont l'analogie avec les eaux de Forges (Seine-Inférieure) a été reconnue par la Faculté de Médecine de Paris.

Mais ce qui rehausse encore le prix de la multitude de nos sources, en dehors même de tout intérêt médical, agricole et commercial, c'est l'abondance, la limpidité et la qualité de leurs produits. Aussi les Romains, qui professaient un superbe dédain pour les eaux de rivière, entreprirent-ils des travaux considérables pour amener des eaux plus salubres à leurs *mansio*, à leurs bains et à leurs *villa*. Ce goût si respectable pour l'eau claire donna naissance aux aqueducs de Luynes, de Contré, de Courçay et d'Athée. Ce dernier alimentait probablement les thermes et les fontaines publiques de *Cæsarodunum*, au moyen des sources du ruisseau de Fontenay, situé entre Athée et Bléré. On en reconnaît des traces bien évidentes dans les piliers brisés d'un pont-aqueduc et dans un canal voûté creusé dans le coteau méridional du Cher. Le niveau de ce conduit s'abaisse progressivement vers Tours, car les Romains, ignorant cette grande loi de l'hydrostatique en vertu de laquelle les liquides tendent sans cesse à reprendre leur niveau, ménageaient la pente des aqueducs avec un soin scrupuleux.

Ce canal fut sans doute brisé et interrompu pendant les ravages des Barbares : toujours est-il qu'au commencement du XVIᵉ siècle, sous Louis XII, l'administration municipale sentit le besoin de doter la ville de Tours, devenue riche et populeuse, de fontaines pures et salubres, et confia l'exécution de ce projet à Pierre Valence, habile fontainier de Rouen, qui s'était fait une réputation dans les travaux hydrauliques.

On amena donc de Saint-Avertin à Tours les eaux du Limançon, par des canaux d'une lieue de longueur, qu'on fit passer sous le Cher, et en 1512 notre ville jouissait de six belles fon-

amené à penser que ces sources proviennent d'un courant souterrain, alimenté par l'infiltration des eaux de la Creuse dans le grès vert à Saint-Pierre-de-Tournon, 38 mètres au-dessus du niveau de la Loire à Tours. L'eau du puits du quartier de Cavalerie, soumise à une analyse très-délicate par M. Dujardin, a donné une certaine quantité d'arragonite, et comme la France n'offre cette substance qu'en Auvergne, ce savant en a conclu que le courant provient des montagnes de la France centrale. Ne pourrait-on pas aussi en trouver l'origine dans ce gouffre de la Vienne dont nous avons parlé ?

Le produit de la nappe liquide est extrêmement abondant, et peut même mettre en mouvement tous les métiers d'une vaste manufacture, comme chez M. N. Champoiseau, à Tours, et chez M. Lecompte-Petit, à la Ville-aux-Dames.

Dans un puits foré par M. Degousée, aux environs de Tours, on obtint à 112 mètres une source jaillissante qui donnait 100 litres d'eau par minute; à 115 mètres, une seconde nappe fournit un jet qui s'éleva de 8 mètres 75 centimètres au-dessus du sol, en donnant 300 litres par minute. Le puits du quartier de cavalerie a donné, pendant les premières années, jusqu'à 1,110 litres; le puits de Cangé, à Saint-Avertin, 1,200 litres; le puits de la ville-aux-Dames 2,025 litres dans le même espace de temps. La température de ces eaux est une preuve frappante de la chaleur centrale du globe, et varie avec la profondeur; ainsi à Tours, dont la température moyenne est de 11°, 5, l'eau artésienne de M. Champoiseau, laquelle jaillit de 140 mètres de profondeur, a une température de 17°,5. Malheureusement aujourd'hui presque tous nos puits sont obstrués, et ne donnent plus qu'un produit insignifiant. On aurait pu facilement éviter ce malheur au moyen d'un tubage bien exécuté.

Tous ces faits s'accordent fort bien avec les idées que nous avons émises

---

taines, qui existent encore, et pour l'établissement desquelles on dépensa une somme de 17,230 livres, équivalente aujourd'hui à 78,300 francs. Au mois d'août 1576 elles servirent à donner, sur le carroir de Beaune, le spectacle d'une naumachie, lorsque François, duc d'Alençon, frère de Henri III. prit possession, en grande pompe, de son apanage de Touraine.

Vers la même époque on conduisit à Saint-François, au Plessis-lès-Tours, à l'abbaye de Beaumont et à l'hôpital général, au moyen de canaux pratiqués sous le Cher, les eaux de la fontaine de la Carre, située sur le coteau de Joué, et construite ou restaurée par les soins de Charles VII. Nous n'entrerons pas dans de plus longs détails à ce sujet: la multiplicité de nos sources nous entraînerait beaucoup trop loin, et nous ne voulons point entreprendre un travail aride et fastidieux.

précédemment, mais « voici, dit M. Arago (1), une preuve démonstrative
« de l'existence d'une rivière souterraine sous la ville de Tours : le 30 jan-
« vier 1831, le tuyau vertical de la fontaine jaillissante de la place de la
« Cathédrale ayant été raccourci d'environ 4 mètres, le produit en liquide,
« comme de raison, devint aussitôt plus grand. L'augmentation fut d'en-
« viron un tiers ; mais l'eau, auparavant très-limpide, ayant reçu un ac-
« croissement subit de vitesse, pendant plusieurs heures elle amena, de
« la profondeur de 109 mètres, des débris de végétaux parmi lesquels
« M. Dujardin reconnut des rameaux d'épines, longs de quelques centi-
« mètres, noircis par leur séjour dans l'eau ; des tiges et des racines, encore
« blanches, de plantes marécageuses ; plusieurs espèces de graines, dont
« l'état de conservation ne permettait pas de supposer qu'elles eussent sé-
« journé plus de trois ou quatre mois dans l'eau. Parmi ces graines, on re-
« marquait surtout celles d'un *caille-lait* qui croît dans les marais ; on y
« trouvait enfin des coquilles lacustres et terrestres. Tous ces débris étaient
« semblables à ceux que les petites rivières et les ruisseaux laissent sur
« leurs rives après un débordement. Ces faits ne peuvent s'expliquer qu'en
« admettant que les eaux se meuvent librement dans de véritables ca-
« naux. »

Nous avions donc bien raison de dire en commençant que la Touraine
est la province de France qui présente le plus d'intérêt sous le rapport de
la distribution des eaux ; malheureusement il nous a été impossible d'étudier ce sujet d'une manière plus approfondie, mais quelque incomplet que
soit cet essai, nous osons espérer qu'il recevra de votre bienveillance un
accueil flatteur.

Tours, le 10 septembre 1847.

(1) Annuaire du bureau des longitudes pour l'année 1835.

Imprimerie LECESNE et Alf. LAURENT.

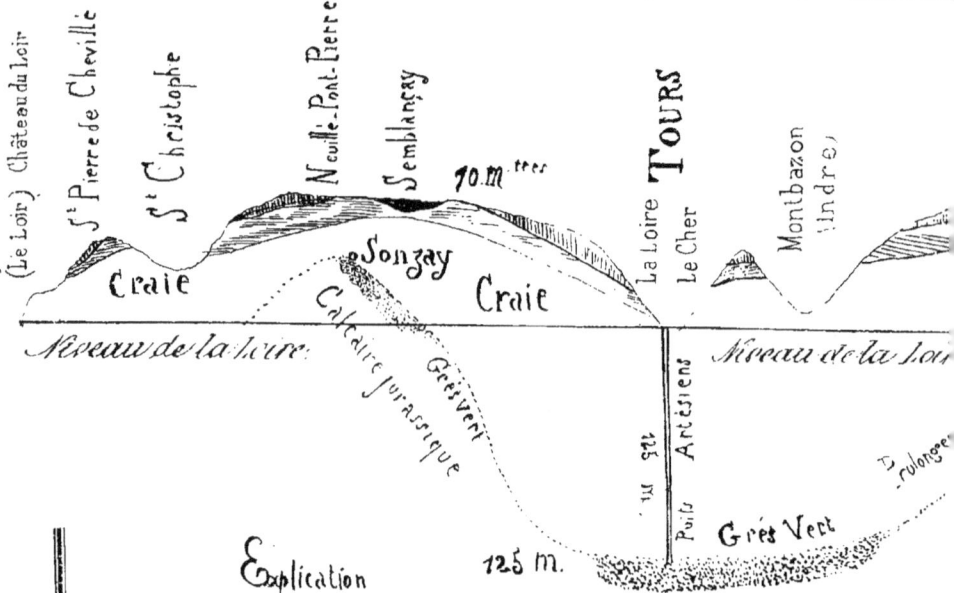

Sol DE

COU

A.N,O

Cou

0 · 1 2 3 4 5

(Le Loir) Château du Loir

St Pierre de Cheville

St Christophe

Neuillé-Pont-Pierre

Semblançay

10.m.tres

Le Loire TOURS

Le Cher

Montbazon (Indre)

Craie

Sonzay

Craie

Calcaire Jurasique

Grés Vert

Niveau de la Loire

Niveau de la Loire

Puits Artésiens

Grés Vert

125 m.

P. Prolonge

Explication

Calcaire Lacustre

Argiles et Poudingues

D. 1843

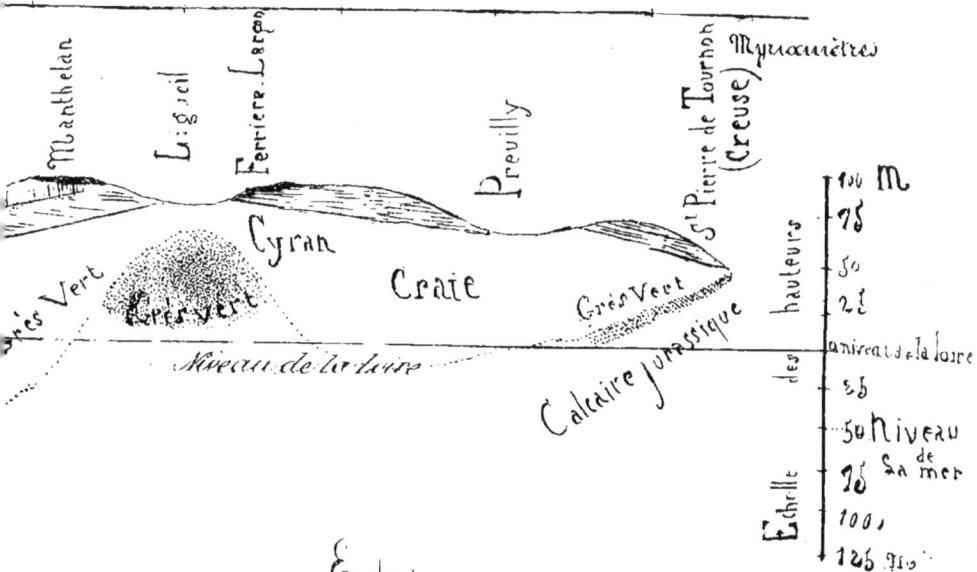

TOURAINE

SS.E

N.N.O.

E

7   8   9   10   11   12

Manthelan   Ligueil   Ferrière Larçon   Preuilly   St Pierre de Tournon (Creuse)   Myriamètres

Grès Vert   Grès Vert   Cyran   Craie   Grès Vert   Calcaire jurassique

Niveau de la Loire

100 m
75
50
25
niveau de la Loire
25
50 Niveau
25 de
100 la mer
125 m

Échelle   des hauteurs

Explication

Grès Vert   Faluns   Craie

www.ingramcontent.com/pod-product-compliance
Lightning Source LLC
Chambersburg PA
CBHW050445210326
41520CB00019B/6077